城市景观
细部设计实例

休憩空间
景观设计

毛颖 主编

化学工业出版社
·北京·

U0324014

编写人员名单：（排名不分先后）

叶 萍	黄 肖	邓毅丰	张 娟	邓丽娜	杨 柳	张 蕾	刘团团	卫白鸽	郭 宇
王广洋	王力宇	梁 越	李小丽	王 军	李子奇	于兆山	蔡志宏	刘彦萍	张志贵
刘 杰	李四磊	孙银青	肖冠军	安 平	马禾午	谢永亮	李 广	李 峰	余素云
周 彦	赵莉娟	潘振伟	王效孟	赵芳节	王 庶				

图书在版编目(CIP)数据

城市景观细部设计实例. 休憩空间景观设计 / 毛颖
主编. —北京：化学工业出版社，2015.9
ISBN 978-7-122-24804-6

Ⅰ.①城… Ⅱ.①毛… Ⅲ.①城市景观-景观设计
Ⅳ.①TU-856

中国版本图书馆CIP数据核字（2015）第177023号

责任编辑：王斌　邹宁　　　　　　　　　　　装帧设计：骁毅文化

出版发行：化学工业出版社(北京市东城区青年湖南街13号　邮政编码100011)
印　　装：北京瑞禾彩色印刷有限公司
880mm×1092mm　1/16　印张9　字数260千字　2015年9月北京第1版第1次印刷

购书咨询：010-64518888 (传真：010-64519686)　　售后服务：010-64518899
网　　址：http://www.cip.com.cn
凡购买本书，如有缺损质量问题，本社销售中心负责调换。

定　　价：49.00元　　　　　　　　　　　　　版权所有　违者必究

目录
CONTENT

城市公园

城市绿地

休闲广场

PART 1

CITY
PARK

城市公园

地形设计

1 利用高低不同的大块自然式石块围合紫色沙石，营造河边叠水之感，上游高耸直立的松柏与下游寥寥低矮地被、远处绿荫交相呼应，更能增大视觉高差。

2 花岗岩与零碎石子构成平整而又不失自然的台阶，散置的自然式石块、高低错落的植物群落使之充满野趣，而特置的各样盆栽、欲露还掩的路灯平添几分亲切与生动。

3 邻水的山路台阶可仅用简单的铁栏防护，靠水的一边间植几棵大树，配以低矮的灌木，以视线良好而又不完全暴露水面为最好，临山的一侧设置平坦小路，不仅可使台阶不过于封闭，增加安全感，又是观赏水景的良好通道。

4 借用宽阔而平缓的钝角折线台阶，衔接水边与地势较高的建筑物，站在台阶上，透过水边间植的小叶杨，可清晰地看到微波澜澜的水面及缥缈的对岸远景，清静宜人。

5 稍布青苔的平缓自然式石阶两旁，阶梯式种植着不同品种、颜色的郁金香以及薰衣草、雏菊等彩色花卉，春意盎然，富有视觉冲击力。背景的水杉林直立挺拔，增强了视觉高差，而水杉基部的灌木则起了遮挡视线，掩盖地面的作用，增加了水杉林的茂密感。

6 仿木的阶梯直入山林深处，两侧野槐、连翘等自然生长，郁郁葱葱，花期连翘的黄色花瓣漫布山野，野槐花香沁人心脾，极富生机与野趣。

7 花岗石台阶两侧散置圆润的黄色大石块，与白色的花岗岩形成色差对比，同时围合台阶呈现宽度不一的自然式台阶。在台阶左侧的石块间隙种植小型鹅掌柴、迎春等，并用红色朱焦点缀，右侧则适当组团栽植高大棕榈，形成半围合空间，高处平台置遮阴伞一把，旁置大型陶盆盆景，为浑然天成的热带风光平添生活气息。

8　平坦的斜坡铺满草坪，偶植三两颗叶子花、棣棠或蔷薇，坡上路灯旁散置几盆陶器盆景，远处大树点映，虽无雕琢之意却精致有味，充满生机。

9　矩形的汀步小路顺着地势蜿蜒在草坪上，散置的石块群趣味横生，圆润的大叶黄杨、盛开的月季与精剪的绿雕则避免景色过于单调，增添了生机。远处蓝天碧树，眼前红花点缀，如诗如画。

10　邻水小道路牙圆润，细石铺面，外侧低矮的花灌木自然生长伸入水中，内侧松柏直立，增加山势高耸之感，小道拐弯处顺势营造小桥，自然亲切，富有野趣。

8　9

10

11 笔直小道两旁依地势种植草坪，同是绿草茵茵，但因坡度不同景色大为不同，打破了道路两旁对称设计的常规手法，平缓的一侧散植几棵秋色叶树种，金色灿灿，既不遮挡视野，同时平添一景。

12 摒弃单一的坡度，营造不同地势的草坪，置几棵独赏树于不同的坡上，自然式青砖小路顺地势蜿蜒曲折，直通远方，视野开阔又不失变化。

13 竖条灰色仿木栈道曲折上坡，无论是木板的方向、折线路灯还是简易的扶手、远处的座椅，都使本场景充满线条感，与绿色柔和的草坪形成鲜明对比，独具特色，设计感强。

14 利用采用两段台面不同的石阶处理地势高差，并用草坪巧妙衔接不同台面，右侧斜置矮石墙连接草坪、石阶、路面，出其不意，别致新颖。

15 采用台阶处理高差是最常见的手法，而此处一侧为金属护栏，一侧为倾斜仿木，别出心裁，避免了与单调乏味。仿木色台阶与高处茎皮斑驳的树木交相辉映，色调统一协调。

16 与寻常的木桥颇为不同，此桥圆木为墩，半抛木为面，劈木为栏，虽由人作，宛若天开，与周围山野溪涧的自然景色完全融合，毫无违和感。

道路铺装

1　中部采用矩形花岗岩，拼缝隐约随小路蜿蜒。两侧黑色鹅卵石镶嵌，与通往的浅色建筑形成色调对比。小型条状青石镶边增加了小路的线条感。路面整体协调美观。

2　浅色碎石铺装宽而笔直，粗犷而大气，与两侧的青砖嵌草铺装和远处的自然式群落融为一体，风格相当。

3　碎石小路具有较好的排水性，青色的石子与周围的植物在颜色、质感上形成对比，增加环境硬质感，与叠石状矮墙在风格上呼应，共同增强了野味与趣味。

4 主干道青色碎石铺面组织游览路线，两侧环形交叉小道有效增大观赏面。青色碎石与黄色鹅卵石交替使用，颜色协调而富有变化，而又不喧宾夺主，与周围自然草观融为一体。

5 不规则块石铺装，实用而不高调，与周边自然式群落及仿生环境风格一致，小路蜿蜒曲折而富有变化，午后阳光洒落，令人心旷神怡。

6 不规则花岗岩拼接，接缝处采用黑色鹅卵石镶嵌，由每个树池处向中央花坛引入一道黄色铺装打破单调感，同时采用黄砖夹大理石铺装的手法，使之与中央大理石面花坛形成统一格调。

7 石条平行间垂直依次铺开，以白色花岗岩横排隔断，草坪草从两侧蔓延到石条接缝处生长，充满生机与活力，整个道路铺装规整大方又不失简洁，与建筑物色调一致，极富线条感。

8　黄色河沙整体预制波浪式的道路，不同图案的卵石镶嵌，圆润的路牙，都使小路充满着河海的味道，此处虽无水但似有水。

9　小道由各色卵石拼成不同图案，灵活而整齐，路旁散置的一系列大小不同的黄色石块，既可观赏，又可兼做休息凳，充满天然气息。

10　浅色铺装灰色镶边的平整小路蜿蜒着伸向远方，与周围的蓝天碧树、青瓦白墙交相呼应，灵动而活泼。

11 由反方向排列的青色瓦片拼成波浪形纹路，古朴自然，使笔直的小道与邻近的花岗岩铺装区域区分开来，进行了场地与功能的划分。

12 本处铺装类型多样，形式丰富，齐集了青砖、花岗岩、石料等种类，而且花岗岩表面加工方式多样，使得整个铺装变化多样，加之设计手法得当，使其多而不乱，与建筑融为一体。

13 黑色卵石与灰白色花岗岩完美旁拼合，简单而不乏味，节奏感强，像钢琴的黑白键在跳跃，而流水的线条、平缓的趋势与前方平静的湖面相呼应，带给人安静祥和之感。

14 灰色抛光面的花岗岩，深色与浅色的鹅卵石以及青色的透水砖，无论在颜色还是质感上，都形成强烈的对比，看似风格相差万里的材料在这里被应用得浑然一体，大方自然。

15 粗糙面矩形花岗岩铺装场地中，镶嵌一处大小合适、风格融洽的混凝土预制图案，打破了花岗岩的单调，使场地不过于空旷，丰富了画面感。

16 黑色与浅白的卵石搭配使用，形成一轮轮圆环图案，打造成一条天然的健康步行小道，亲切而自然，简单而富有趣味。

17 选用两种规格的不规则石板合理搭配，使小路整齐而自然，而蜿蜒曲折的形态，在组织引导游览路线的同时，又是一处别致的风景。

18 磨去角棱的规则石汀步，整齐而自然，侧面布满的青苔与周围的山石植物融为一体，更显生动，同时软化了石块的质感，能很好地去除了人工雕琢之意。

19 在较宽的水面中，选用几块自然而相对平整的大石块作汀步，两旁栽植芦苇、泽泻、久雨花等水生花卉，简单又野味十足，还能充分保证路人的安全。

20 两排的白色的圆状石板，嵌入深绿粗壮的草类，条形青石镶边，形成一条曲折小路，风格别致鲜明，辐射花纹的石块一大一小，犹如两排大小不同的脚印，将人引向远方。

21 浅色的鹅卵石整齐地铺筑成一条弯弯的小路，没有任何其他装饰，却简洁自然，与周围的一派野生景象完美地融合在一起。

22 两种大小不同的卵石自然混搭铺地，两侧用稍稍高出石面的花岗岩曲状围合隔离，中部设置通道隔断，让人自然而然想到流水，恍如在水池边。

23 翠绿的草坪中摆放几块仿木的汀步，两侧各色小花锦簇相拥，连凳子也是木墩状，若有一名孩童蹦蹦跳跳，就是再温馨不过的场景了。

24 细小的黄色河沙铺装宛若水流，自然状的挡土石则如河岸，两岸繁花似锦，人们走在这里，就如走在缓缓的溪流中，心情清爽自由，美丽而轻松。

25　长条状裸色仿木拼成折线小路，设计感强烈，而仿木则使人更加贴近自然，阳光洒射，郁郁葱葱，不失为午后散步的绝佳去处。

26　仿木的小桥波浪式前进，犹如跳动的音符，犹如展开的竹筒。两旁竖式花卉种类多样，颜色丰富，使得小桥更加生动活泼，自然亲切。

27　为与建筑呼应，道路采用笔直或折线形式，线条感极强。颜色上，也采用与建筑相近的颜色，与周围绿树青山形成强烈对比。

25　26

27

28　本处木栈道最特别的设计之处是采用了竖式木条排成护栏，简单整齐，迂回的桥身使之视觉效果更加直观，活泼亲切。

29　本处木桥为折线形，蜿蜒曲折，无形中加大了水面的宽度，提供了更多的观赏角度。护栏较低，一侧护栏采用长条凳形式，既提供了短暂的休息处，又便于人们欣赏美景。

30　此处小桥采用简单的仿木拼接，颜色上与水边铺装相呼应，破除了花岗岩铺装带来的不协调感，使周围景色完美融合。护栏也简洁毫无杂饰，与整体风格保持一致。

31　蓝天碧水，绿树葱葱，水草荡漾，一条灰白色的仿木无栏小桥悠然穿过水面，伸向远方，毫不张扬，仿佛它本就生长在这里。

32 此处石拱桥颜色较深，与周围植物形成鲜明对比，而仿竹的形状又使其更加接近自然，生动有趣。

33 木板小桥采用横状条纹，增加线条感，而深棕的颜色则与水岸交相呼应。铁质护栏简洁明朗，毫无赘余之感。整个桥身与环境融为一体，互为增色。

34 长条青石路牙、横状条纹既与周围铺装协调一致又更显精致，绳状扶手古朴别致，整座桥小巧精致，简而不陋。

35　采用平桥形式与周围山石地势形成对比，暗色系的红棕色更能融入环境，更显幽深清静，走在桥上令人心旷神怡。

36　直角折桥可以增加水面跨度，观赏角度多变。长凳既可作休息之用又可作护栏，同时增加线条感，一举三得。

37 道路笔直，可增强庄严肃穆感，深浅两种小块铺装整齐统一又可增加变化，线条简单大方又不失节奏感。

38 路沿弯曲变换，不同方向纹路的青砖铺路，白色花岗岩镶边并作方格状勾勒，色彩对比鲜明，规则之中富有变化。

39 青砖、花岗岩搭配使用，对比强烈。道路折线前进，深色路面、浅色镶边格调统一。采用深灰、浅灰两种青砖，拓宽镶边宽度，又彰显变化。

40 圆润交错的曲线道路可有效组织游览路线，变换观赏角度，浅色路面与周围翠绿树荫、暖色系花群协调均衡，韵味十足。

41 砖红色不规则大块铺装，边缘圆滑曲润，亲切活泼。镶嵌的粗壮青草生机盎然，两侧各色花高低错落，争相竞放，美不胜收。

42　使用镶边材料衔接不同颜色的铺装，同时在衔接处采用与道路风格相同的圆润曲线，自然不突兀。铺装颜色不同彰显变化，同时为入口处留下较大空间，便于疏散人群。

43　采用大小不同，颜色不同的彩色沥青搭配组成环状铺装，统一而富有变化，灰色花岗岩起镶边和隔断作用。整体干净明亮，引人注目。

44　本处铺装曲折迂回，变化丰富，线条感强烈。渐变蓝色与土黄色组合搭配，对比明显，利用折线加高差的形式隔断分离不同颜色的铺装，清晰明朗，独有一番风味。

台阶

1 本台阶采用不规则石板，拼接缝隙较大，风格粗犷，山野气息浓厚，与周围大环境风格一致，同时更能衬托两侧花卉的鲜艳与美丽。

2 借用三块较大花岗岩抬高地势之后，台阶十分平缓，虽如履平地亦有登高之感，石缝中冒出诸多地被植物，生机十足。

3 在环状的文化墙中间，以规则的黄白色花岗岩作台阶，与地面的铺装镶边、文化墙顶部装饰呼应，简洁大方，同时也与灰色石砾铺装形成对比。

4 鲜明的色调，极富现代感的设计，与周围的灰色石壁鲜明对比，但两者通过一座古朴的木屋完美结合，浑然一体。

构筑景观

1　功能建筑:大面积的落地窗方便人们从远处看到建筑的内部结构,明白建筑功能。浅色的外表使其更容易与周围环境协调、统一。

2　功能建筑:在公园中,一座红瓦仿木的古典小屋最能贴近自然,周围密林闭郁,门前鲜花锦簇,温馨自然,十分吸引眼球。

3　功能建筑:特异的造型、对比的色调、流畅的线条,既能吸引人们踏足,又方便记忆。大面积的落地窗可以保证充足的采光,同时便于观赏外面美景。

4

5

6

4 功能建筑:大面积玻璃干净明亮，不会遮挡视线。采用浅色框架形成通道，引人入内。整体低调自然，能融入环境。

5 功能建筑:置茅草顶于现代气息浓厚的建筑顶端，既可以保持良好的通风，又起装饰作用，墙体装饰与茅草颜色、风格一致，互为呼应，生动有趣。

6 功能建筑:满足其功能要求的同时，本身也是一处景观。简单大方，美观独特，易于辨认。

7 廊:白色的廊架干净而纯洁,仿木段整齐地排列在廊架右上侧,遮阴的同时兼做藤本支架,与右侧蔓爬的植物共同组成半围合空间。

8 廊:红色的木质廊架两端微翘,基柱选用白色石料,色调上与周边铺装保持一致。整体通透简洁又不失精致。

9 廊:黑色金属圆拱门笔直的通向前方,两旁红色玫瑰成片,脚下是青色的石砾,即贴近自然又享人工之美,浪漫无比。

10 廊:采用文化石装饰的廊架风格古朴粗犷,无需其他过多装饰,本身就韵味十足,给人坚固、硬朗之感。

11 廊:长拱状廊架，菠萝面的花岗岩石柱，简洁大方。顶部爬满藤本，洋溢着生命的气息，即使在落叶的秋季，也别有一番风味。

12 廊:黑色金属廊架，扇形的顶棚，采用白色物体在中部遮阴，同时保证光线充足。庄严肃穆，与松柏搭配极为合适。

13 廊:以一对护栏为支架，利用竹条交织编制成廊状，宛如鸟巢，有幽邃之感，走出竹廊，视野豁然开阔，带给人别样的体会。

14 廊:石柱为支架，横竖木条搭接成网格作为顶部，简洁不赘余，而茂密的藤本植物爬上廊架，成为纯天然绿色装饰，赋予廊架生机与活力，也是其精彩之处。

15 廊:采用成排圆状木作廊，以网格状木条连接，中部悬挂球形透明灯具，既可照明又起装饰作用。站在廊外，远处标志性建筑恰好成为框景。

16

17

18

16 廊:此处以四根橘红色的光泽环状圆柱形成廊架,并在内部设置喷泉,雾状水珠经阳光反射形成一道道彩虹,远处鲜花绽放,美轮美奂。

17 廊:茂密的爬山虎相互交织,形成一堵生机盎然的天然绿墙,又像许多个若隐若现的山洞,阳光透过顶部洒落下来,温暖而宁静,走在这里,你会由衷感叹生命的神奇。

18 廊:本处欧式廊架位于水边草地,由两段组成,在中部进行搭接,打破单一形式的单调感。整体简洁,细部精致,成为此处自然式水景的亮点。

19 廊:完全由竹竿相互搭接而成,简易自然,两侧栽植几排竹子,既可遮阴,又赋予廊架生命力,情趣颇多。

20 廊:灰白的颜色、棱角分明的造型、灰色的硬质铺装,都使木质廊架更显坚固、稳重之感。两侧悬垂由多种一二年生花卉搭配的花篮,基部地被丛生,使其更易融入周围环境。

21 廊:本处廊架借鉴桥体造型,敦厚坚实,将桥顶改作木质细网格状,上下反差明显,但两者采用相同的色系以及直线的表现方式,使整个廊架统一均衡,毫无违和感。

22 廊:混凝土预制的廊架顶端覆以钢化玻璃作廊顶,可以避免呆板,增加生活气息。四周种植大叶黄杨修饰基部,同时也软化了硬质感。

23

廊:弧形走势，背山环水而建，景墙作观赏、挡土两用，与湖面以带状草坪隔离，既有良好的亲水性，又可保证游人安全。

廊:在简易欧式廊架的一侧栽植木质藤本供其攀爬，碧绿的枝叶、盘曲的根茎成为独特的观赏景观，白色廊柱干净纯洁，而植物赋予其生机。

廊:木质网格围成封闭的廊，外有藤本缠绕，与外界隔离。走在廊下，可依稀看到廊外的景观，有种朦胧而不真切的宁静感。

廊:藤本蔷薇爬满简易支架形成花廊，红花绿叶，一片生机与活力，活泼而浪漫，春姑娘所带的花环也一定不过如此吧。

廊:以大小、形状不同的网格区分主入口、侧入口与廊身，清晰明朗。虽是纯金属，但深绿的颜色、藤本植物的巧妙修饰，使其保持金属质感的同时，极易融入周围的植物群落。

24

25

26

27

28 亭:蓝天碧树,绿草茵茵,还有紫叶小檗作衬,一间茅草亭坐落于此,亲切自然而不做作,令人身心轻松。

29 亭:背倚浓绿的大树,前植鲜艳美丽的宿根花卉,还有比此时的青瓦红墙连脊小亭更应景的吗?

30 亭:红顶白柱,顶檐精美镶边,典型的欧式风格,四周再悬垂各色牵牛,与周围陶器盆景互相衬托,具有浓厚的生活气息与小资情调。

31 亭:顶部装饰圆润,亭身规则,线条明显,具有光泽,西式风格明显。颜色上选择低调的墨绿与浅黄,与周围环境协调,又不失本身特色。

32 亭:本处亭子邻水,体积较大,气势稳重,精美华丽,颇有欧式城堡风格。亭身选用暖色调,夕阳辉映,秋树作景,十分美丽。

33 亭:地势较高,设有台阶,增加亭子挺拔之势。尖顶六面亭身,顶部采用浅黄色砖瓦装饰,且为镂窗式亭柱,精致淡雅。

34 亭:鳞状圆顶,亭檐采用浮雕装饰,亭子中部设有人物塑像,肃穆祥和。

35 亭:体积较大,亭顶与亭身都使用黄色调,并用大面积鎏金装饰,富丽堂皇,华丽庄重。

36 亭:此处亭和廊相连,位于水上,都为竹子搭建围成,环保而透气性好,更加古朴自然。微波荡漾,绿树竹亭倒映水中,令人心旷神怡。

37 亭:青石作基,草毡为顶,棕木为身,低调含蓄,朴素自然。亭后绿树荫荫,红枫摇曳,别有一番滋味。

35 36

37

38 亭:灰色茅草顶,六根圆木作支架,简易大方,空间开阔,视野充足,颇具田园风情。

39 亭:此亭坐落在伸入湖中的平桥上,观景角度上佳,亲水性好。造型特异,文化石装饰亭柱,顶部为传统的木结构,将现代造型与传统工艺完美结合。

40 亭:临海的小型矩形广场上,特殊造型的红色木亭排成一排,重复而不单调。亭柱四周为休息椅,伸出的亭檐正好为游人遮阴,美观而又实用。

41 亭:两座中国古典的观景亭通过一廊相通,其中,卷棚顶亭子较大,为主亭,方形四角攒尖顶亭子较小,位于一侧。色调典雅,具有古香古韵。

42 亭:采用单檐歇山顶,屋檐翘起,亭子体积较大但仍显轻盈之态。山花处有浮雕装饰,尽显精细。

43 亭:由两个四角攒尖顶的亭子紧密相连组合成双亭,俗称鸳鸯亭,屋顶结构更加复杂,活泼多姿,韵致极佳。

44 亭:为典型的歇山顶木亭,青瓦红漆,并题诗于亭柱,古典文秀。亭前为浅水池,设置汀步,如诗如画,韵味十足。

41 42

43 44

45 亭：在此处，亭子与周围的建筑形成一组古建景观。青瓦白墙，绿树掩映，在高楼林立的市区独辟一处古朴静谧的景观。

46 亭：在传统的四角攒尖顶的基础上加以创新，使其少了些尖锐，多了份庄重，更符合江南水乡的氛围。青瓦白墙，亭身倒映水中，微波粼粼，宁静而祥和。

47

48

49

47 墙:拱形圆门作为镜框,将墙另一侧的景观框住,形成一幅美好的画面。同时,站在漏窗前,墙外的景色隐隐约约,含蓄雅致,且通过不同的漏窗看的景色不同的,步移景异,一步一景。

48 墙:以双鱼和荷叶的景象装饰窗,寓意美好,同时墙外景色若隐若现形成漏景,勾起人们的好奇心,引人无限遐想。

49 墙:茂密的竹子作为天然屏障,在这起到墙的作用,既可保护院内隐私,又为其增添生命力,别致新颖,同时绿竹与白墙相互映照,极为协调,也是一处佳景。

50 墙:此处墙体起到围合作用,以隔断空间,划分区域。墙体上的漏窗起到漏景的作用,墙外景色若隐若现,含蓄婉约。

50

51 墙:处景墙虽小,但却精致生动,美观的同时也起到了指引作用,打破了只有植物的单调感,使景观更加丰富。

52 墙:此处将植物修剪作墙,起到屏障作用,而植物的天然绿色与生机,令人眼前一亮,充满活力。白色的拱门在这里起到画龙点睛的作用。

53 墙:以浅色文化石装饰,美观自然,富有韵味。没用完全采用实体墙,对面景色透过来,清新雅致。在合适的角度观察,框景效果很好。

54 墙:利用文化石模仿山石的颜色,使景观墙更容易融入周边环境,而人工的细致与精美为粗犷的野外风光增添了人文气息,饶有趣味。

55 墙:奇特的造型,华丽的琉璃瓦,炫彩的图案,只要运用得当,都会使景观墙大放异彩,取得突出的观赏效果。景观墙的部分还设置了台面以供休息倚坐。

56 墙:借助地势,利用粗细不同的红色木条进行疏密排列,形成高低不同景墙,恰到好处地为碧水青山增添一抹红色。有些部位透过缝隙,可以隐隐透出挡土墙,使红色不会过于突兀。

57

58

57 桥:此桥面先拱后平，最
特别处应属玫瑰红色的护栏，先成
直立弧状后平缓并向外翻卷，色彩
鲜艳夺目，造型奇特。为保证安
全，在内侧设有简易护栏。

58 桥:此桥选用鲜艳的橘黄
色护栏与灰色桥面搭配，色差显
著，对比明显。桥头护栏作弧状，
使桥体更显圆润。

59 桥:白色的欧式小桥如弧线一般划过水面,与桥头的欧式建筑风格一致,简单利索而不乏味,周围丛林茂密,水草自然生长,风景如画。

60 桥:黑白搭配的曲面桥宁静地跨在水面,远处竹林茂密,随微风摇曳,近处花团锦簇,水草挺立,如诗如画。

61 桥:灰色的木板竖立排成护栏,并用金属物固定,与花岗岩的铺装格外协调。美观而实用,低调而有气韵。

62 桥:折线桥段高低起伏,与金属护栏共同展现现代感,而木质桥面与木质扶手又拉近其与自然的距离。

59 60
61 62

63

64 65

63 几何感强烈，与折线木栈道风格一致，相互呼应，为单调的场景增加了观赏点。地面的大块铺装是立体景观的延续，具有整体感。

64 空旷的场地中，一个白色双顶帆亭打破了单调感，与海呼应，与光泽的黑色大理石铺装相得益彰，借外围的木质铺装与周围的自然景观衔接，毫无突兀之感。

65 作为标示牌，自身美观大气，与周围建筑景观色调一致，风格相同，而且中间的通道也是重要的框架，将对面的美景框入其中。

66 既有玻璃的透亮晶莹，又具金属的质感，造型圆润独特，引人注目。碧水蓝天，青山做伴，令人神往。

67 在道路交叉口设置一红色木质景门，鲜艳夺目，与周围绿树白花相互衬托又统一协调。

68 蓝色的高大粗壮栏杆架在道路的一侧，既不遮挡视线，又有围合隔断空间之感，成为街头别致一景。

安静休息区

　　1 道路的一侧为茂密的大树，另一侧视野则相对开阔，形成半围合空间。无论是浓浓的绿意，还是仿木色的铺装，还是整齐的景观设施，都带给人静谧祥和之感。

　　2 木质结构的建筑，高低错落的植物群落，配上灰色碎石的铺装，极富亲和力，清新自然。

3 自然式的石岸，仿木的平桥，别有情趣的园林小品以及精雅别致的桌凳，生活气息浓厚，富有情调。

4 羊肠小道边，不同颜色、形态、高度的植物疏密有致，配置合理，青石铺装上草芽微露，无需华丽的装饰，仅置一张长椅，惬意十足。

5 周围绿树密植，清幽静谧，碎石的铺装更加贴近自然，而竹木的长凳虽简易却饶有趣味，天然环保。

6 木椅简陋却十分人性化，周边蔷薇簇拥，花草绽放，如诗如画，在这种地方休息，心情怎能不美丽。

7 整齐的草皮上，设一张仿木的灰白长椅以供休息，身后各类草类朝气蓬勃，生机盎然，在这里，你可以尽情感受生命的力量。

8 黑白对比色的抛光花岗岩铺装上，摆放着一系列木质人物造型，简单生动。游人随意在天然质朴的长椅上休息，绿意茵茵，十分惬意。

9 在优美的田园风光中，若设一铁艺凉亭则再协调不过，蔓性植物爬满铁架，亭内再摆上两盆花钵，如诗如画，美景无限。

10 在矩形水池外围沙滩的一角，设置原木的亭椅，简而不陋，池中叠水喷泉丰富了水中景观，给宁静的水面带来生机与活力。

11 在亭身悬挂纱帘，基部四周种植各色花卉，草坪随地势微起微伏，石板汀步自然缓缓引向远方，温馨而浪漫。

12 石廊架上爬满藤本，荫郁凉爽，古典的欧式座椅整齐地排成一排，花瓣散落一地，神秘而悠远。

13 无论廊架，休息椅或铺装都采用了大量的砖色装饰，色调统一一致，阳光透过植物洒射，斑驳一地。

14 广场地势较低，采用红色透水砖铺砖，与挡土墙、休息椅色调统一。独特之处在于休息椅上方设有圆顶，起遮阴作用，如亭一般。挡土墙的涂鸦也是增色亮点。

15 弧形挡土墙上方放置白色石板作长凳，简单大方，毫无赘余。一侧为山石，一侧地势较低，视野开阔，令人心旷神怡。

活动区

1. 造型独特，颜色鲜艳，对儿童吸引力足，采用细沙铺装，可保护儿童安全。树林围合有效隔离噪声。
2. 设施造型活泼圆润，无尖锐棱角，地面铺垫木屑，安全系数高。周围绿色葱郁，有利于儿童身心健康。
3. 场地宽敞，空间大，且颜色活泼多样，较易吸引儿童。周围松柏林立，可吸收、隔离噪声。

4　颜色为鲜亮的暖色调，活泼明亮，有益于儿童，设施造型可爱有趣，有吸引力。

5　设施简单实用，颜色鲜艳，与周围茂密郁闭的植物景观形成鲜明对比，又十分协调融洽。

6　蓝天碧树，在空旷的草坪一角，置一处红色木质设施，既丰富了色调，打破了单调感，又增添了可视景观。

7　颜色鲜艳丰富，用材别致用心，造型幽默风趣，十分吸引眼球，是儿童的游乐天堂。

8 儿童活动区设施安全是前提，但有趣、生动也同样不可或缺，这样才能引起儿童的兴趣，此处阶梯是亮点，既满足儿童的心理需求，又非常实用。

9 在野外的自然风光里也人性化地设置了简易的游乐措施，充分考虑了儿童的需要。

10 地面覆盖细沙，舒适安全，各类健身设施合理布置，周围还设有部分长椅供人们休息，考虑全面，设计科学。

11 塑胶也是保证儿童游乐安全的铺装，并且干净易清理。儿童活动区旁结合园林小品，效果十分好。

12 天然淳朴却趣味十足，简而不陋，巧妙别致，带给人一副好心情。

13 线条简单，质感强烈，设施底部铺装特色突出，活泼自然。金属设施坚固耐用，使用寿命长。

14 此处活动区延续了周围区域的风格，但在铺装上做了改变，使其更适合儿童，设施的座位也稍作变化，安全系数更高。

15 本活动区内以木质设施为主，贴近自然，并在顶部进行修饰，呈城堡形式，更符合儿童心理。

16 地面用厚沙覆盖，减低地面硬度，保证安全，同时沙子也可作为供孩子玩耍的工具，一举两得。设施简易天然但精细安全，附近设有座椅供家长休息，方便照看儿童。

17 颜色丰富艳丽，易吸引儿童。在设施某些部位别出心裁地运用卡通形象，逼真生动。

18 浅色河沙铺底，两侧文化石装饰作河岸，并在"河"的不同位置架两座桥，虽眼中无水，心中已有水。

19 以绿色河沙拟作小溪，草坪拟作岸边，形象生动，桥栏由两种颜色的绳编织而成，十分风雅。

20　造型奇特，凹凸有致，高低错落，形体圆润，线条流畅，与周围微地形相辅相成，毫无违和感。

21　全场为塑胶场地，色调偏暗，波浪式地形，此起彼伏，造型奇特，引人注目。各式园林小品十分简洁，整体搭配和谐科学。

22　利用树体作为天然支架，以木板为材料，借用绳子交互编织，创造出空中路、空中桥等奇特景观，创意十足。

20　21

22

绿化种植

1　依地势而建，高处植翠松绿柏凸显山势，近处设置宿根花境，花境背景为松柏，使林冠线错落有致，利用草坪镶边，既可作为走道，又可观赏。

2　组团式种植，疏密有致，水边做了微地形处理，去雕琢之意，更显自然，幽谧性较好。

3　通过抬高地势、放置花架等措施，增加花卉高度，创造出错落有致的景观效果，花色搭配得当，以绿植为背景，使得花境效果更加绚丽多彩。

4 在小路两侧的草坪上，散置几棵大树，使之不过于空旷，路边群植多种浅色郁金香，花期将至，花儿星星点点，自然美丽。

5 草坪上，银杏、小龙柏成行间植，整齐美观，同时增加了植物层次，丰富了植物景观。小龙柏耐荫，银杏喜阳，植物搭配科学合理。

6 小道两侧种植高大的竹子，待竹子茂密后，闭郁性会很好，增加道路幽深感，且夏季荫凉，竹叶随风嗦嗦作响，十分具有意境。

7 在高大乔木形成的围合空间内，于小道两侧草坪种植形状各异的规则式花境，为浓绿的色彩添上几抹彩色，清新美丽。

8 高大的乔木的下面，种植低矮的地被植物，可覆盖裸露的地面，同时丰富植物层次。道路两侧的景观并不相同，打破对称的单调感。左侧设有喷雾装置，可增加空气湿度，同时雾气朦胧，景观效果较好。

9 利用地势高差，营造丰富的植物层次，由高到低依次排列，散植几棵姿态优美的乔木，也不遮挡视线，而仅增加美观效果。恰当设置园林小品更添姿色。

7 8

9

10 郁郁葱葱的小道边，不同种类的蓝白花儿正值盛花期，深蓝的小桥下，缓缓的流水若隐若现，白色石板汀步与碎石铺装，显得格外纯净，浪漫至极。

11 各类禾本植物高低错落、疏密有致地自然栽植，外围散植部分乔木，视野开阔，野味十足。

12 自然式碎石小路旁，密植着各色花卉，蔷薇、天竺葵、毛地黄、萱草、八仙花等争相开放，春色满园。木质栅栏更显生活气息，转角处的鸟儿小品则增添了几丝灵气。

13 中央圆形大花坛中栽植体形优美的松树，种植大型多浆类植物的高大仿山石种植钵，整齐地排列在环形道路的外侧，配上翠绿的松柏做背景，十分壮观。

14 各色花卉争奇斗艳，高低错落，而绿树为伴，白云相陪，怎能不让人流连忘返？

15 植物层次丰富，最顶层是高大的乔木，郁郁葱葱，绿意盎然，中层的花灌木正开得绚烂，美丽而浪漫，藤本地被生机勃勃，造型整齐而又自然，再配上修剪整齐的带状草坪，美景如画，让人如痴如醉。

16 模拟自然坡路种植，无明显边界，植物稀疏散落，草坪蔓延至卵石路的缝隙中，山野味十足。

17 植物层次丰富，种类颇多，但搭配合理，疏密有致，整体效果较好，不过于拥挤，也不会过于空旷。

18 台阶两侧并不趋于对称，但协调统一，右侧采用挡土墙抬高地势，搭配低矮植物，与左侧花灌木高度平衡。金属扶手通透性好，不遮挡视线，各色景观均可入眼，秀色可餐。

19 采用藤本花灌木装饰拱门，美观的同时起到障景的作用，园内景观欲露还掩，含蓄雅致。红砖小路的缝隙中，小草微露，再加上木制的门槛，使得门外道路与门内的草坪道过渡自然。

20 在较为平缓的土丘上，种植挺拔的乔木，基部栽植低矮的小龙柏，加大视觉高差，使得地形设计更为明显。

21 本处特别之处是杨树的姿态，冠幅较小，树干通直，枝条向上生长，保留了萌蘖枝条，枝下高较矮。道路的封闭性强但视线良好。

22 此处最大的特色之处在于，在小型平桥的木制护栏上方架起几道拱形支架，上面附着多种气生植物，富有生机和活力，此外，大量气须根悬垂下来成为拱门状，景色朦胧别致，带给人热带森林的错觉。

23 散植几棵乔木，既可增加植物层次，又能部分遮阴，延长花境花期。花境植物丰富，色彩多样，斑块明显。

24 利用地形高差创造丰富的植物层次，植物高度从远方呈阶梯逐级递减状直至水边，整齐而自然。万绿丛中，几株八仙花正开得繁盛，成为点睛之笔，打破了纯绿的单调感，使整个画面更为完整协调。

25 远处用高大茂密的侧柏围合空间，蓝色的竖式花卉充满浪漫气息，中景处是散置在草坪中的几棵姿色优美的小乔木，挡土墙上布满藤本，绿意盎然，地形过渡自然。近处的草坡中，依地势而建的台阶毫无突兀之感，融合在这片浓郁的绿色之中。

26 一排排锥形的绿雕整齐地坐落在规则的岸边草地上，远处绿柳成林，郁郁葱葱，一片静谧安详的景象。

27 玉兰、松柏、银杏等乔木围合出一处相对密闭的空间，草坪修剪整齐而茂密，浮雕装饰的石钵中粉色小花微微摇曳，为整体景观增色不少。

28 水面平静清澈，倒映着湖边景色，岸边植物修剪得圆润无棱，自然亲切。

25 26

27 28

29 高大的乔木丰富了植物层次，同时提供半荫环境延长花期。花境颜色搭配合理，整体效果美观大方，线条流畅。

30 小龙柏围合为规则式花坛，天然富有生命力，植物配置合理，错落有致，整体景观效果好，观赏角度颇多。

31 利用精湛的修剪工艺，对植物进行形体塑造，使用对称式布局，规整壮观，气氛庄严肃穆。

32 墙体色调清新纯洁，并作帆状造型装饰，美观形象。墙基植各色月季，白墙绿地过渡自然，乔木造型圆润美观，丰富了景观效果。

33 背景葱郁，更显花境色彩明亮。顶部藓类稀疏而生，基部四周各色花卉鲜艳夺目，悬挂的花篮生机勃勃，这一切都赋予木亭无限的生命力，使其"活"起来。

34 此处花境位于坡上，图案效果直观清晰，易于观察。小溪缓缓流淌，灵动而宁静，水仙花延水边而植，充分考虑了植物的生态习性，科学合理，景观小品应景有趣，为其增色。

35 花境形状丰富，边缘规整，品种、颜色颇多，色彩绚丽夺目，令人眼前一亮，心情愉悦。

36 此处花境较长，采用部分笔直花带的形式与道路保持统一，形状规则但多变，避免了重复单调，变化统一，富有韵律。

37 颜色不同、高低不同的各类郁金香、贝母、水仙、风信子等，品种丰富，类型多样。上有高乔闭郁葱茏，下有绿草茵茵，使得整个花境虽色彩绚丽却不张扬，带给人静谧感。

38 色彩鲜艳活泼，线条平滑圆润，体积大而不乱，图案鲜明，美丽自然，让人流连忘返。

39 花境均衡分布，既不过于疏散，也不太过密集。使整个场地散而有序，过渡自然，富有节奏。

40 植物错落有致，配置科学合理，效果突出。水面景观自然，富有韵味，形如一幅静谧的山水画。

41 材料丰富、色彩多样搭配合理，图案鲜艳，立体感强，陶制小品趣味十足，富有生活气息。

42 借用英国风景式园林手法，利用植物形态本身创造景观。植物高低错落，自然有序，姿态优美。

43 稻田荷花，两块木板简单搭接为桥，简单大方，浑然天成，毫无雕琢之意，贴近自然。

44 木栅栏、小木桥，野草在石缝中顽强丛生。伴着潺潺流水声，小花初开，在这里，你可以尽情享受大自然的宁静，体会生命的奇妙与力量。

45 植物茂密，生机勃勃，私密性好，茅草木屋依水而建，周边植物朝气蓬勃，极富生命力，一派田野风光。

46　自然式的水岸边，绿草悠悠，水草丛生，花儿绽放，偶有几株灌木的枝条探出水面，两岸绿树萦绕，惬意而自然。

47　场地虽小，但布置合理，精巧细致。花多而不拥挤，色艳而不杂乱，生动而自然，主次分明，小中见大。

65

48 两岸景观丰富，错落有致。远处选用郁闭的乔木，近处栽植低矮的地被，拉长了视觉距离，两岸地行微高，拓宽了水面宽度。

49 自然式的水体中，水草丛生，但多而不满，密而不挤。水中倒影隐隐约约，朦胧雅致。

50 平缓宁静的水体两侧，疏林初绿，阳光漫射，鲜艳的球根花卉成片绽放，美丽而静谧，水面也因此灵动起来。

51 利用微地形处理，四周种植平坦的草坪，用低矮的花卉或灌木点缀，使水面虽小而精致，明亮透彻。

水景设计

1 疏林斜影，叠水潺潺，两岸石块自然散置，紫色草花生机盎然，在溪水拐弯处球形小叶黄杨与一株小型侧柏对岸而植，成为虚掩的障景，婉约宁静。

2 在随地势起伏的大片草坪中间，小溪蜿蜒曲折，静静地流淌，如在山峦之间的溪涧，水岸仅用浅色卵石示意，天然不做作，与周围的大片绿色形成鲜明对比，富有韵律。

3 溪流水潺潺，溪底卵石稀疏可见，草坪草蔓延到散置的石块岸边，自然而随性，各色牵牛花平摆、悬挂或置于高高低低的木桩上，浪漫而温暖。

4 借助地势高差，模拟自然界中的山涧流水，创造叠水效果，动静结合。植物配置科学合理，野味十足。

5 木栈道环水而绕，流水细长弯曲，两侧绿意盎然。卵石镶嵌的混凝土岸边规整自然。喷泉统一而富有变化，水草间植，为人工式的水体增添了几抹生机。

6　两侧直立高耸的圆柏作夹景，远处青山朦胧可见。圆柏基部对称摆放的花卉盆景色彩鲜艳，生机勃勃，中央是一池喷泉做主景，动静结合，气势庄重。

7　树林茂密，错落有致，植物群落层次丰富，颜色多样。圆形下沉广场中，花环点缀，中央大喷泉中，两只象形天鹅成心形，周围小型竖状喷泉围绕成环，风景如画。

8　在大型下沉广场的一侧，设置叠水喷泉，流水急湍，周围植物造型精致，布置规则，气势庞大壮观。

9 规则式石块借助地势台阶状错落搭接，水岸由长短不一的石柱拼凑而成，植物景观自然粗放。

10 背景植物层次丰富，种类多样，色彩搭配得当。借助地势高差，形成自然叠水效果，池中雕塑小品精致生动，整体效果十分和谐。

11 在文化墙上设置玻璃喷泉，水流湍急，形成水帘，富有韵味。

12 线条感强烈，设计鲜明，具有丰富的叠水效果，使水面"活"起来，富有动态美。周围植物郁郁葱葱，各色鲜花绽放，使水景更富有生机。

13 利用雕塑文化墙设置水景，喷水处借鉴屋檐排水槽结构，新颖别致，三根石柱极富特色，成为亮点。

14 水景设计简单，但别致之处在于在喷水槽上侧安置了彩色灯，五彩的灯光打在水流上，雾化朦胧，梦幻无比，极富有浪漫色彩。

15 在水池边置一座假山，山上置一木亭，水流从山顶、石阶上奔流而下，形成瀑布叠水的景象，颇有高山流水之效。

16 水径独特，由中间贯通的石制盆状物组成，两侧石块散布，周围配置野生植物，粗犷自然。

17 用木排围合水边，整齐而自然，挡土效果好，在水流中部设置木板挡水形成不同高度的水面，周围繁花星星点点，自然而美丽。

18 水面低于地面约半米，石块相叠而为水池壁，由地面向水面方向伸出一块石板，水流自石板向下流淌，自然灵动，动静结合。

19 将喷泉置于石块内，犹如自然山泉，自然而别致。周围大小卵石散落，松针密布，可有效吸收水分，保持水土，天然环保。

20　六角规则形水池中设置喷泉，周围植物绿意葱葱，阳光洒射，宁静而自然。

21　对称式布局，周围植物密布，种类繁多，花色鲜艳，两层叠水从中间流落，美丽生动。

22　规则式喷泉由两侧向中央矩形水池中喷洒，动感而富有节奏，两岸各色花卉对称栽植，规整富有生机。

73

23 在宽阔的草坪广场上，草花萦绕，绿雕生机盎然，中部规则式水池设一水钵喷泉，偶有几只鸟儿觅水，为平静的广场添了一丝动态与生机。

24 两侧植松柏及其他乔木，形成郁闭的绿色空间，中部设规则式水池，喷泉置于水池两侧向中部喷水，喷水高度较高，与周围环境协调和谐。

25 此处为典型的规则式喷泉，造型美观华丽，水流湍急，在水钵下方形成壮观的水帘，造型高大，华丽美观。

26 方形水池设置花边酒盅形喷泉，流水缓缓，水声微荡，与周围静谧的休憩场景极为融和，十分应景。

27 此处喷泉体积庞大，喷水形式多样，庄严壮观，动态感十足，水池地面采用黄色铺装，彰显富贵华丽。

28 规则式池岸边，植物茂密，层次丰富，池中水平如镜，睡莲、水草丛生，岸边景物倒映水中，隐隐约约，朦胧而自然。

29 混合式水面平静，一座弧形小桥横跨水面，花瓣散落，水草丛生，规整而自然。

30 自然式石岸，水势平缓，耐水湿性地被依缝而生，周围景观自然茂密，生机盎然，野味十足。

31 石岸自然垒砌，部分石块伸出水面，拟水流由石缝流出状，引起人们无限想象，无形中中扩大了水面。

32 水面宽阔澄澈，水岸规则平滑，简单大方，两侧乔木郁闭，花境环绕，实为休憩的好场所。

33 水面线条流畅，圆润蜿蜒，采用金属镶边，具有视觉冲击力。两侧草坪翠绿，花丛环绕，甚是美丽。

34 水岸为规则的混凝土硬质岸，茂密的再力花可软化线条，使水景更为亲切，同时带来生机，水中的青石虽不能行走，但仍有汀步的感觉，打破了单一水面的单调感。

35

36

35 宽阔的自然式水面，水草丛生，藻类从岸边向湖心蔓延，偶有几株睡莲正含苞待放，与岸边耐水湿的美人蕉、再力花遥相呼应，共同为这平静的水景增添几分艳丽。

36 两侧的乔木、水草倒映在水中，水面呈现墨绿的颜色，深邃而悠远，平坦的草坪随地势微微起伏，一片静谧祥和，让人身心宁静。

37 岸边水草丛生，水边睡莲荡漾，偶有小花才露头，注水口采用水上喷泉叠水的形式，别致新颖，此外，还设置了小动物的雕塑，十分生动。

38 自然式的水面，两侧水草种类颇多，茂密繁盛，部分石块散落其中，既显自然，又增加了情趣。

39 横式竖式水草合理配置，使花多而不乱，岸边花灌木茂盛紧凑，高低错落，还有人物鸟儿的雕塑，活泼自然。

40 水面宽阔，各色睡莲含苞欲放，岸边绿雕伟岸，与平静开阔的水面形成鲜明的对比。

41 山体高大，而水面较窄，为避免水面过于狭促，使用浅色卵石铺边，弱化河流的边际。碎石铺装，文化石墙面与裸露的山石融为一体，浑然天成，毫不突兀。

42 水面清澈荡漾，微波粼粼，倒映着蓝天白云，池边的几丛绿树，将草地与水面无暇衔接，几只水鸟安逸地在水中嬉戏，犹如梦境般缥缈。

43 微地形处理巧妙，道路、水体平滑曲直，挡土墙线条流畅，并采用文化石装饰，精致简洁，护坡图案清晰，与挡土墙衔接得当，形如一体。

44 此处河流以卵石铺地，水体不深，清澈见底。微风徐徐，水波粼粼，周围高山绿树，清爽怡人。

45

46

45　水面虽小，五脏俱全。建水榭以观景，小型绿地上栽植松树示作岛，以小见大，极富意境美。

46　以圆木作水岸，不规则石块与高低错落的木桩作汀步，自然而亲切，水草稀疏，睡莲漂浮，静谧安然，而石屋状的灯具小巧玲珑，带来了浓浓的生活气息。

47　青瓦白墙绿树，倒映在门前平静的水面上，微波荡漾，典型的江南水乡景象，平静安逸，在周围高楼林立的都市社会中独辟一片天地。

48　水岸笔直，汀步规则整齐，陶制花钵淳朴自然，富有生机与活力，打破了水面的单调，赋予水面生命力。

47

48

49 水中汀步与路上汀步形式一致，但一个在水中，宁静安谧，另一个青草嵌边，生机盎然。通过汀步与水草，水体与陆地衔接自然，浑然天成。

50 这是江南私家园林水景处理的典范，自然式石岸伸缩不同，驳岸富于变化，不同院落间用圆洞、水系贯通，含蓄雅致，具有意境美。

51 假山整齐壮观，在不同位置设置瀑布，更显自然，也增加了气势，山前水池碧绿平静，与浅色硬质假山形成鲜明对比，韵味无穷。

52 在一高一低错落的大石上，设有矩形浅水池，水平如镜，反射照耀的阳光，水流从石顶缓缓流下，形成独特的景观。水底文字与铺装诗句相呼应，文化底蕴十足。

53 规则式水景，线条简单，但细节精致，周围精剪的绿雕与整体风格相呼应。水底与周边铺装都选用白色调，与周围绿色形成鲜明对比，使水体更显干净整洁。

54 风格简单大方，田园气氛浓厚，驳岸与挡土墙都选用砖色，阳光照耀，温暖而自然，水体清澈，倒影隐约，清新亲切，富有亲和力。

55 利用地势高差，创造叠水效果，两侧圆状花坛整齐规则，富有韵律，设有雾化喷泉，使整个水景朦胧婉约，十分浪漫。

53 54

55

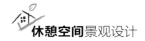

景观小品

1 在颜色上，白色的小品与周围鲜艳的花朵形成鲜明对比，也与水上白色天鹅在色调上相呼应，而形象上，有花必有果，硕大的桃子竖立在花丛中，自然而富有寓意。

2 绿茵的草坪上，一只白色粗糙的手状石膏搭在写有标志的木盒上，形象生动，激发人们好奇心，为人们带来无限乐趣。

3　一只白鸟将头插入草坪中寻找食物，设计师利用生活中常见的情境稍加创意，设计多个鸟头从草地中钻出来的情境，形象有趣，鸟儿可爱呆萌，让人忍俊不禁。

4　用现代材料表现出来的稻草人形象优美，朝气蓬勃，与原来的朴素田野形象颇为不同，更富有时代感，是现代都市与田野风光的结合。

5　用镂空的汉字、符号拼成人的形象，形体高大，是视野的焦点，为单调的草坪增加可视景观，生动而富有韵味。旁边设置伞形小品，均衡视觉效果，避免人物景观过于突兀，也增加了生活气息。

6　门前广场面积较大，起集散人群的作用，小品造型奇特，富有个性。选材上也与周围铺装、景观保持统一，风格相融。

7 形象逼真有趣，将猴子的灵性与可爱表现得淋漓尽致，拟人的动作让人忍俊不禁，开心一笑。

8 小品通体线条均为弧状或圆形，圆润平滑，但圆圆相交形成尖锐的角棱，又极富有张力，颇具现代化感觉。

9 生动的形象，夸张的造型，活泼有趣的小品可以成功吸引游人的眼球，木质结构更贴近自然，具有亲和力。

10 模仿积木形态搭接石块，造型复杂但简约自然，倒影映在水中，隐约朦胧。旁边的石汀步使小品与周围景观衔接自然。

11 水面平静如镜，小品的形象犹如一名健壮的男子，又如点水的蝴蝶，虽为静物，却带来一丝动的气息，硬质材料更衬出周围植物的生机勃勃。

12 自然式的水边，三个年龄不同的孩童在石汀步上小心行走，小品动作模拟到位，应情应景，增添了许多乐趣。

13 在休憩草坪的一角，设置一组人物雕塑，既丰富景观，又增添生机。本处人物几何形状突出，形象生动，色调上也与周围环境较易融合。

14 模拟人物站在树枝上，借景周围植物，仿佛一个人在摘取枝叶，惟妙惟肖。而且小品中树枝伸入水面，增加亲水性。

15 道路边的人兽雕塑具有指引作用，整齐一致，适合放置在规则式道路绿化的场景中，简洁大气美观。

16 本处雕塑金属质感强烈，造型现代，张力十足，积极向上，与"奥运之火"的主题十分呼应。

17 水体中的小品体积要视水体大小而定，色调上既要与环境易于融合，又要有自己的特色。圆和环镂空结构的造型亲和力较强，同时可以保持较好的通透性。

18 绿树成荫，花境环绕，旁置陶制小品，顿时增加了生活气息，更显清新怡人。这也是许多庭院设计中多用陶制品的原因。

19　空旷的草坪上，几头金属牛形雕塑趴在草地上，形态各异，生动有趣，为单一的草坪景观增加了可视性，同时，此组雕塑高度、体型适中，还可作为休憩玩耍的座椅。

20　深色金属小品富有现代感，适合置于规则式景观中。此处将勒缰抬起前掌的小马置于花带中，增添了活力与趣味。

21　高大粗壮的行道树间隙中，设置一座行人披衣的雕塑，应时应景。

22　巧妙设置支点，将黑色的金属多角棱柱组合体立在石基上，造型简洁独特，观赏性较佳。

23 文化石装饰的墙面上，凸出一排门扇的造型，并设精致的小品装饰，避免了单调乏味，小品造型奇特，带来神秘感，更显庄重。

24 巨大的别针与路旁的小乔形成框景，将远处小品框入其中。颜色醒目，为平静的植物景观增添一丝活泼气息，令人驻足观赏。

25 水面宽阔平静，花境环绕，大树荫下，一名身材曼妙的女子优雅地望向水面方向，仿佛休憩的游人禁不住扭头欣赏美丽的水景，惟妙惟肖。

26 五彩琉璃瓦装饰的蟾蜍小品，颜色绚烂夺目，造型夸张，但生动形象，细节完善，引人注目。

27 众多彩色人物塑像叠罗汉，高耸壮观，气势宏大，视觉冲击力强，同时让人感叹团结一致的力量，有一定的教育意义。

28 颜色鲜艳，造型独特，趣味性十足，成功成为广场的视觉焦点，丰富了景观效果，使广场不过于空旷。

29 植物景观丰富，花卉种类多样，彩色石子铺装浪漫梦幻，一组木质小品更添生活气息，水井、筒车、小桥精巧细致，淳朴天然，与周围环境浑然一体。

30 以太湖石示假山，以小型水面示湖面，周围植物郁郁葱葱，一名古装打扮的男子坐在石岸边品茶，一名儿童偎依在身旁。此组人物小品体积较小，与周围景观搭配，营造出古人湖边悠然饮茶的景象，小中见大。

31 自然式花境旁，放置高大的筒车，一名孩童正拿着竹竿垂钓，生活气息浓厚，一幅美丽的田园风光图画跃然在眼前。

32 植物茂密，群落层次丰富，在细小溪流的附近，设置一尊佛像，暗示不远处有佛庙等宗教相关建筑，含蓄婉约，安详静谧。

33 自然式花坛中，不规则挡土石可兼做坐椅，花坛中一名半蹲的少年举着洗手间的标示牌，该小品与周围环境极为融洽，既有标识作用，又风趣幽默。

34 流水形的卵石铺装上，一座石拱小桥横跨而过，两侧微凸的地形示意浅水区，礁石散布，远处大型深色小品示作山体，虽无水而似有水，石屋状灯饰更添生动，使水景更加逼真。

35 自然式水边石岸上，设置一座石灯雕塑，顶部布满青苔，富有年代感，野味十足，凸显山野气息。

36 茂密的蕨类植物丛中，设置一组石灯石笼雕塑，偶有鸟儿休憩其上，清新自然，趣味十足。

37 将喷水口置于歪躺的大型陶器中，水流源源不断，似不慎倒下的水瓮，形象有趣，与周围的自然景观极为融洽。

38

39

38 基部圆润亲切，上部张力十足，颜色鲜艳，作为景观小品的同时兼具坐椅功能，一举两得。广场铺装与小品风格融洽，互为增色。

39 将袋鼠设计为坐椅，肚子部位凹下供人们坐下，腿部、尾巴支撑重力，恰到好处，趣味十足，实在精妙。

EXPO FLOWERBULBS
Walter Blom & Zoon B.V.
←

40 在标志牌旁，置一竹编篮的花钵，鲜花正放，美观大方，生活气息浓厚，又呼应标志牌内容，引人前往。

41 花钵形式独特，简洁大方，观赏性较好，花儿绽放，朝气蓬勃，富有生命力，成为园中迷人一景。

42 花盆样式简洁大方，不会喧宾夺主。花盆大小不同，放置位置高低错落，既散落自由，又整齐统一。

PART 2

URBAN
GREEN SPACE

城市绿地

现代式绿地

1 碧绿整齐的草坪随地势起伏，小路蜿蜒，路边散植几棵乔木，既能遮阴，又可丰富景观效果。

2 草地宽阔平坦，视野开阔，驳岸线条流畅，设有喷泉，动静结合更显清新宁静。

3 办公楼前的草坪一般较整齐开阔，视野较好，草坪中散植乔木，树下可设置长椅以供短暂休憩。若这时再添上一汪清池，喷泉雾化朦胧，那便再惬意不过了。

4 除草坪修剪整齐外，其他植物没有明显雕琢痕迹，自然茂密，衔接自然，虽均为绿色，但质感不同，景观丰富，干净整洁。

5 规则式草坪的周围间植乔木与灌木可以围合空间，起到划分区域的作用。草坪中的硬质铺装上安置小品座椅，既美观又实用。

6 在现代式绿地中，大部分草坪修剪整齐，而其他乔灌植物则自由生长，既可保持自然的植物景观，又显干净整齐。

7 对称式植物布置。建筑上部栽植一些低矮的地被灌木和小乔，可丰富屋顶景观，达到意想不到的效果。地面花坛植物层次丰富，简洁大方，水流自上而下形成跌水，注水方式独特壮观，将屋顶绿化与地面水池、植物群落完美衔接。

8 植物种类多样，花团锦簇，具有典型的热带风情。地下植物中选用两棵较高的乔木使地上地下融为一体，更加和谐。

9 规则式的种植池排成阵列，花灌木与小乔自然生长，整齐自然。在高楼林立的现代都市中，这种绿地作为临时休憩场所再合适不过。

10 多个规则种植池排成一定的团案，既美观又具有与组织游览路线的实用功能，植物景观丰富，统一中富有变化。

11 利用种植池地势不同，创造层次丰富的植物景观，繁花锦簇的道路旁，添置一组古人对话的小品，生动形象，自然有趣。

12 文化墙装饰的挡土墙，规整而自然，较高的地势可以抬升种植池，使低矮的地被植物利用更方便。

13 木台阶与木质挡土墙显得古朴而自然，灰色石阶与木质台阶色调相近，融为一体。石阶两侧植物搭接形成郁闭的通道，灌木、地被自然生长，植物虽少，但营造出一种茂密山林的氛围。

14 直行道中，规则式护坡整齐利索，游憩道路借用地势设置台阶，利用文化石装饰的挡土墙与护坡隔离，自然而不突兀，另一侧则呈现自然式的植物景观，步移景异，绿意盎然。

15 种植池中地被浓密整齐，间植几颗花灌，简洁大方，观赏效果较好，已成为现代化道路绿化的常见形式。

16 海滨道的内侧栽植一排椰树，搭配简单的灌木与草坪，外侧仅用护栏，而无其他绿化，虽简洁但大气开阔，不失为上佳的景观设计。

17 规则的道路中央，造型独特的种植池尤其吸引眼球，池中一侧以卵石铺面并设置整齐划一的喷泉。另一侧则采用自然式种植，地被高低起伏，山石散落其间。自然而规整，不同而和谐，夺人眼目。

18 种植池规则整齐，道路绿化也是秩序井然，干净利索，几丛狗尾草自然茂盛，为整个景观增添了活泼与生机，配上得当的铺装，融洽而和谐。

19 规则式种植池中覆盖椰壳，既干净又可作肥料，卫生环保，树木周围使用椰壳或纯木围合，因埋深不同而呈现别致景观，美观自然。

17 18

19

20 现代式绿地中的配套设施往往也是经过精心布置的，现代而生动活泼，满足实用功能外，美观大方，更符合现代人的心理追求。

21 种植池造型独特，颜色温和，线条流畅，又可兼做坐椅，美观而实用。池中植物层次丰富，图案自然大方，且颜色搭配得当，十分亲切。

22 草坪中散植女贞，绿郁通透，饶有情趣，以动物形象改作休息凳，创意十足，生动有趣，为整个景观增色不少。

23 种植池为规则的直线方式，植物自然茂密，郁郁葱葱，文化墙小景自然而有底蕴，整体景观自然而不凌乱，整齐而不刻板。

24 道路两侧，一侧为清新自然的草坪景观，乔木、绿植规则式布置其中，另一侧则碎石散布，几丛植物间植路边，但两侧小品景观风格相近、互相呼应，将整体景观完美融合。

25 清新自然的石板汀步将游人引向雕塑——局部景观的视觉中心，一名仰望天空的修身女性，周围植物采用组团式栽植，自然而又整齐。

26 笔直的道路，平坦的草坪，嵌草铺装规整自然，几何形状组成自行车、三轮车的小品颜色艳丽，形象生动，与整体风格保持一致的同时，带来许多乐趣。

27 规则式树池，两侧乔木苍穹劲拔，极其茂盛，树下是耐半荫的低矮灌木，花岗岩铺装的圆形广场中，一组小提琴拉唱的情景小品生动形象，应时应景。

28 在茎枝粗壮、茂密繁盛的大树下，造型夸张但形象生动的金属小品与背后的绿荫一体，浑然天成。现代式绿化中，小品是点睛之笔，运用恰当则犹如马良之笔，可将景观点"活"。

29 位于道路中间的绿化带，以草坪为主，间植乔木，纯净清新，此处小品体型较大，造型特异，金属材质，较为现代，与周围景观相称。

自然式绿地

1. 本处地被植物自然茂盛，生机盎然，禾本科草类枝叶繁茂，自然下垂，随风摇曳，绣线菊低矮翠绿，堆心菊正值花期，还设有叠水喷群，动静结合，好不惬意。

2. 在自然式绿地中，藤本廊架是体现植物生命美丽与力量的重要手段，它能为平静无奇的景观增添旺盛的生机与活力，藤本植物自然攀爬的本身，就是一种无形的语言，在讲述生命的故事。

3. 蓝天白云，绿树红花，如诗如画，恬静淡然，小品与远处建筑色调一致，遥相呼应，整体更加协调。

105

4 植物种类丰富，低矮但形态迥异，颜色多样，搭配合理美观，另有山石散落其中，更显自然。

5 借助地势高差，创造高低错落、自然有序的植物景观，与矩形水池搭配，灵动活泼，生机盎然。

6 平枝栒子，长势强壮，生机茂盛，与周围的地被共同构成山野气息浓厚的自然景观，木板围合更显天然。

7 植物层次丰富，组团式种植，自然而不凌乱，整齐而不呆板，是城市绿地中常用的形式。

8 植物种类繁多，但配置科学，多而不乱，借助地势营造出高低错落的景观效果，充满生机与活力，美丽迷人。

9 草坪边界自然曲直，松柏郁郁葱葱、茂密自然，紫薇繁花似锦，偶有山石散落其间，清新怡人。

10 植物群落层次丰富，周围植物高大旺盛，围合成相对郁闭的空间，树下各种灌木、地被高低错落，广场内几棵藤本植物覆满圆形支架，一片绿意，是休憩赏景的佳所。

11 本圆形广场位于北美式的现代化小区建筑前，是闲暇时休憩赏玩的场所，一派自然景观，植物多样搭配精心合理，乔木葱茏，灌木地被观花居多，配套设施雅致而大方。

12 庭院式绿地，植物虽量少而精致，搭配合理，以观赏植物的天然美为主，并设置精美小品，富有生活气息。

13 以植物围合建筑，绿色天然而别致新颖，使人更亲近自然，植物高低错落，种类搭配合理，简单雅致。

规则式绿地

1 红色的建筑前，碧绿的草坪整齐宽阔，随地势平缓起伏，柔美宁静，与硬质建筑形成鲜明对比，和谐统一。

2 规则式的种植池整齐排列，各类一二年生花卉繁盛紧凑，绿篱修剪精心细致，秩序井然，富有人工美。

3 平整的草坪面积较大，被几何直线划分，图案简单大方，两侧乔木成排对植，整齐一致，整体景观壮观大气。

4 草坪平坦开阔，半围合，绿植修剪精细，高低错落，井然有序。最具亮点的是，路边亭子是利用四株藤本组合修剪而成的，不得不让人感叹人类智慧的神奇。

5 借用地势，将地被植物分为四个不同高度的层次，在植物原有形态的基础上稍加修剪，使其规则整齐，简洁利索。

6 水流沿玻璃幕自上而下形成水墙，壮丽大方，周围植物景观都呈规则式种植，整齐大气。

7 本处是建筑外的休闲场所，一二年花卉的仿木种植钵规整天然，休息凳也是木墩状，十分亲切。最别出心裁的是，圆形花坛壁中也设置了种植槽，新颖别致，富有创意。

8 植物种类丰富，女贞、樱花、广玉兰、紫荆、山茶、金叶女贞、天竺葵等，配置合理，颜色搭配，巧妙利用地势，打造了一个繁花似锦的路边草坪景观。

9 规则的绿篱，整齐的种植钵，与两旁的大型乔木一起营造了一个绿意盎然、生机勃勃的道路绿化景观，既美观又科学。

10 在山石缝隙中栽植花灌木，修剪为整齐而大小不同的树球，高低错落，规整自然，花儿绽放，美不尽收。

11 在建筑一角，山石堆砌，松树与红枫配植，小灌木整齐有型，水流顺石阶而下，宛若小型瀑布，整个景观犹如大型盆景，韵味十足。

12 乔木成排栽植，井然有序，花丛边际规则明显，色彩搭配合理，艳丽活泼，地形上呈坡状，图案明朗，观赏效果较佳。

13 种植钵设在漫水的台面中，且低于台面，形成树球漫在水底的错觉。台阶线条流畅，形如流水，如与台上呼应，台下绿植边缘与台阶平行，延续了台阶的流水风格。

14 用白色栅栏美化植物基部，遮挡土面，花丛中小品生动应景，无论情景、颜色还是造型，都与周围景观融为一体，毫不突兀。

PART 3

LEISURE SQUARE

休闲广场

道路铺装

1 线条简单大方，富有节奏，色泽灰暗低调，与周围的山野景象融合恰当。

2 本场景中，铺装材料形式多样，但搭配拼接合理，毫无凌乱之感，整体和谐，各自出彩，与建筑风格相呼应。

3 采用黑白灰三种颜色的花岗岩釉面铺装，拼接组合成一定的图案，清晰明朗，整齐有序，富有节律。

4 颜色上自然过渡，选用了两种不同规格的花岗岩铺装，统一而富有变化，搭配起来得心应手，毫无突兀之感。

5 仿木铺装清晰自然，将铺装方向稍作改变，呈现丰富的图案与质感，规整而富有变化。

6 质地细腻的小块面砖铺装出层次丰富的纹理，与鹅卵石丰富的线条既对比又融合。大理石作隔断，在色调和质感上与整体风格相统一。

7 颜色丰富多变，色泽明亮，线条感强，简洁大方，与现代化海滨风格极为融合。

8 三种颜色的拳石整齐铺列，色彩对比鲜明，图案简单大方，拳石的突起增加路面的粗糙感和立体感，令人感到稳重、沉重和开朗。

9 浅色铺装自然静谧，在运动区域设置蓝色的塑胶铺装，颜色活泼，令人心神畅快，塑胶的场地也有利于保证安全。

10 路面铺装的线条多变，色彩对比强烈，营造路面环境的阴暗变化，使路面更显开阔大气。

11 道路灰暗笔直，交通功能凸显，广场的鲜艳线条圆润柔和，更适宜休闲游憩，对比鲜明，分工明确。

12　地势变化丰富，台阶形状复杂，折线变换，而采用简单一致的砖块铺装，整齐统一，不会显得杂乱无章毫无秩序。

13　铺装简洁单一，色调上与台阶、墙柱一致，彰显广场的空旷与大气，气势宏大。

14　两种深浅不同的花岗岩组合，简单大方的色调与周围石阶、建筑相得益彰，互为融合，更显大气。

15　地势处理巧妙，铺装风格粗犷，自然而富有趣味，利用灰色砂岩与黑色光泽铺装衔接，恰当得体。

16

17

18

16 灵动的线条与简洁的直线显著不同，又统一协调，细腻的变化也能够为环境增色不少。

17 在沙滩边使用木质铺装，是最为自然与亲切的了，无论在色调还是质感上，都十分和谐，沙子散落在木质铺装的缝隙里，自然而又妙趣横生。

18 浅色的整体铺装简单大气，平整自然，远看似沙滩，与大海呼应，营造出一种宁静辽阔的氛围。

构筑景观

1. 拱状如桥，与远处弧状建筑相呼应，体积较大，使水景与高楼有效衔接。色调质感与周围环境相一致，美观大气。

2. 通体白色，高雅纯洁，顶部线条流畅，灵动自然，体积较大，气势恢宏，具有浓浓的海滨风情。

3. 造型美观，颜色淡雅，四面通透，遮阴的同时视野光线较好，线条简单，美观大气。

4 形状规整，但内部结构独特美观，采用金属镂空与椭圆实体相结合，外部用玻璃密封，既有金属的质感，又有玻璃的柔和，别致新颖。

5 白漆金属廊架，顶部为玻璃结构，光线较好，同时，地面景观倒映在顶部，别有一番风味。

6 浅色的石质廊架坚实稳重，四面圆柱而无墙体，保证视野开阔，方便观赏海景，搭配蓝色精致的座椅，既美观雅致又实用至极，具有浓厚的海滨风情。

7 造型简单，线条简洁大方，色调清新淡雅，与周围的红墙绿树形成鲜明对比，但又能融合恰当，浑然一体。

8 采用木质结构，亲近自然，色调温和，几何形状稍加改造，简洁大方，新颖别致，集观赏与实用功能为一体。

9 体积较大，线条简单，风格粗犷，敦厚庄重，营造了一种凝重、安详的气氛。

10 造型独特，顶部采用木质网格状结构，自然通透，视觉效果突出，具有迷幻色彩，色调灰暗，笔直，与远处建筑风格相搭。

11 金属支架交叉搭接形成廊架，线条感强烈，造型迥异，葡萄沿廊柱攀爬，充满生机，又为廊下人提供了遮阴休憩的场所。

12 规则多角木亭造型宛如伞状，排列成阵，整齐统一，木质材料使人更亲近自然，舒适惬意。

13 规则的矩形框架，弧形顶棚架在中上部，特点鲜明，富有时代感，与周边构筑物风格融洽。

14 造型独特，线条流畅，设有灯饰，夜晚时通透明亮，既作照明又作装饰，婉约朦胧，美丽浪漫。

15　色彩对比鲜明，高耸直立，造型简单明了，别树一帜，气势壮观。

16　造型独特，木质框架与玻璃结合，借鉴了住房的结构特点，形如小楼屹立在海边摇摇欲坠，引人注目。

17　几座景墙直线排列，整齐一致，景墙上画面内容为历史沿革，讲述了一段辉煌历史，风格统一，内容连续，宣传效果较好。

15 16

17

绿化种植

1 建筑一角，将种植台封闭，只留树茎处一孔，既遮掩了土壤，又可作休息凳，美观而实用。

2 濒临海湖面，行道树整齐一致，与规则式园林风格一致，近路旁栽植花树，开花时节甚是好看，地被生长茂密，与草坪形成对比，更显天然生机。

3 台上栽植一排整齐的棕榈，具有热带风情，台下为环状规则式种植带，面积较大，植株均为低矮的草花或灌木，视野开阔，衬托出建筑的庄重大气。

4 圆形树阵整齐统一，与规则式的园林融为一体，种植池中密植酢酱草，既能覆盖土壤又增添绿意，富有生机。

水景设计

1 多边形池边设计简单大方，能较好地融入周边的规则式园林，入水口采用喷泉形式，动静结合，为宁静的景观增添一丝活力。

2 喷泉本身就是一座制作精细、令人敬仰的观赏雕塑，具有浓厚的西方园林韵味，恢宏大气，庄严肃穆。

3 喷泉与人兽雕塑相结合，具有情景故事，生动形象。喷水口众多但毫不杂乱，整体形象大气、复古，具有韵味。

125

4 金黄色的喷泉辉煌大气，气势壮观，令人仰慕，轻盈透亮的水体让沉闷的建筑环境变得清爽，增添了许多活力。

5 造型简洁，色彩对比鲜明，金黄色的喷水口光泽闪亮，黑色的水池沉稳敦实，低调奢华，与周围建筑搭配，具有历史的厚重感。

6 喷水口方向多样，众多伞形喷泉形成球状，又如孔雀开屏般美丽，动感十足，水池为直线条形式，与喷泉形状形成对比，互为呼应。

7 将水池入水口设计为水流从陶瓷中倾泻的形式，陶瓷口径处稍加改动，使其具有引流作用。整个喷泉小品清新淡雅又灵动活泼，富有生活气息。

5

6

4

7

8

9 10

8 独特的造型，纯白的色调，与粗糙自然的水池既对比鲜明又协调和谐，都融入周边悠然休闲的大环境中。因水压不同，各出水口的水量不能完全一致，微风吹来，水帘梦幻般美丽，纯洁雅致。

9 水池中小品简洁朴实，是视线的焦点，喷泉形式灵活，排列整齐，如跳动的音符，又如欢舞的小人，为环境增添无限的艺术感和韵律感。

10 水流顺着石阶缓缓而下，形成叠水，水花泼溅，活泼奔放，为静谧安详的周边环境增添了许多活力与生机。

11 直射式的喷泉排列整齐，灯光幻彩，雾色朦胧，灵动跳跃又安详静谧，富有浪漫色彩，是水景与灯光结合的典范。

12 景石的随意搭配，以及与水体的创意结合，都让人耳目一新，水流从石缝中跌落而下，自然有趣。

13 水体与雕塑结合也是园林中较为常见的一种设计手法，情景故事更能吸引人们的眼球，而巧妙利用雕塑设置喷泉往往能达到意想不到的效果。

14 喷泉排列整齐，线条流畅，富有韵律，喷水高度较高，与周围的都市高楼相称，具有现代感。

15 水池规整，设有高差，使喷泉层次更加丰富。池身采用常见的抛光花岗岩，规则低调，放在外观独特、本身具有观赏价值的建筑前，不会喧宾夺主。

16 水池线条流畅，玫红色的外观新颖别致，十分漂亮，喷泉形式多样，与小品雕塑相结合，整体效果较好。

17 将喷泉与具有镜面效果的金属小品搭配，给人清澈透亮的感觉。小品直立尖锐，与周围建筑风格一致，柔和的水柱与之搭配，软化了建筑小品的锐利，富有节奏。

18 规则对称式布局，简约大气，适用于较庄重的场所。红砖水池与铺装风格一致，容易融入环境。蓝色池底，使水流更显清澈干净，喷泉的设置则使水景更加丰富，避免了单调，水波荡漾，活泼自然。

19 此处水景虽小，但衔接自然，绝不突兀，占有举足轻重的位置，打破了单纯铺装的单调，使景观更加丰富，富有层次。

20 水池形状别致，喷泉水流急湍，美观大气，为周围静谧的景观增添些许活力，动感十足。

21

22

23

21　抛物线状的喷泉连城一排，犹如成排的拱门连成廊状，晶莹的水柱在阳光下散射光芒，犹如一个个精灵，活泼梦幻。

22　直射实喷泉排成正方形，水流向上冲时形成正方体的水柱，白色跳跃的水柱与黑色静谧的大理石铺装形成鲜明对比，动静结合，活力迸发。

23　直射的喷泉整齐一致，为规则式景观环境增添了无限的艺术感和律动感。

24　水渠蜿蜒流畅，小型喷泉如童话中的小人欢快地舞动，轻松愉快，饶有情趣。

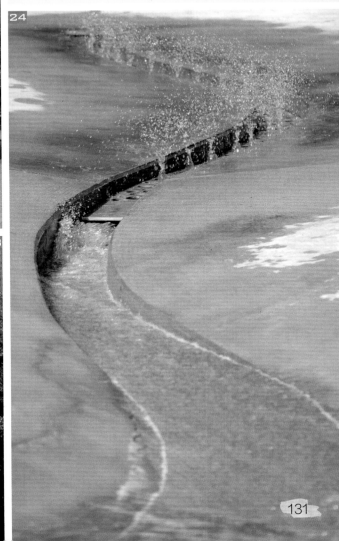

24

25

26 27

25 声控喷泉是城市景观中常用的水景形式，它可以随着人们声音的大小而发生高低变化，特别的设计使人们乐在其中。

26 石阶互旋，中间设置喷泉，具有强烈的节奏与韵律感，喷泉中部球形石头，当开关打开，叠水缓缓而下，喷泉水由四周洒向球形中心，犹如石头开花，别致靓丽。

27 本处观赏池位于道路转弯处，一侧形状圆润光滑，色泽亮丽，另一侧则规则整齐，两边衔接自然，互为呼应。

28 水景面积较大，采用水体与大理石相结合，简约大气，又有奢华之感。

29 水体为垂直的十字，内设喷泉，喷水流入大理石的水槽中，可进行循环利用。

30 水池体型较大，气势宏大，较为壮观，与雕塑结合，可增加趣味性，即使不开启喷泉系统，也具有可观赏性，富有艺术效果。

31 水池周围为木质螺旋阶梯状，亲水性强，喷泉图案简约清晰，入水口大小有序，变化有序，景观效果丰富。

28 29

30 31

32 水池造型简洁大方，规则但灵活多变，采用彩色装饰池底与池壁，为严肃庄重的环境增添一丝活力与自由。

33 水流由开裂状的景墙上流下，犹如崩裂的冰山，池体呈不规则的折线型，就像开裂的大地，整个景观模拟了世纪冰川崩裂的景象，犹如童话，与后面的建筑相呼应。

34 伞形的喷头形状在池中犹如荷花盛开，层出不穷的条石给人强烈的层次美感。水池由石块堆砌组成，独特又自然。

设施小品

1　不规则放置的石凳，在满足功能要求的同时，更富有情趣。

2　造型独特，石凳两侧模拟人的面部，生动形象。

3　在空旷的场地设置一组石椅，即可观赏又可用作短暂休息。

4 在种植间隙设置木质座椅，既起隔断围合作用，又兼具休闲功能。木质结构给人舒适的感觉，自然亲切，与周围环境格调一致。

5 别致一处在于，将种植池用木板密封，仅留树茎处，美观又实用。

6 在城市广场中放置的石材座椅，简约的造型，体现出城市的现代感。

7 造型各异又互相统一的石块群组成一组小品，同时又可作为休息的椅凳，趣味十足，对儿童、青少年吸引力较大。

观赏小品

1 造型简约夸张，卡通趣味十足，让人忍俊不禁，适合设置在城市休闲广场。

2 石质人物雕像，形态各异，富有运动气息，台上设置喷泉，更能为静谧祥和的环境增加活力与趣味。

3　位于大连星海广场，一千个脚印代表大连这个城市走过的百年历程，而儿童指向的方向为大海，既有实际意义，又象征大连的前进与发展。儿童脚下模拟海浪的波澜，使其更加真切。

4　规则的集散广场上，设施一组雕塑小品，既不会过多地占用场地面积，又可避免场地过于空旷，金属的质感与规则式的园林景观较易融合。

5　平坦的草地上，人物、牛形的雕塑生动有趣，引人注目，此外，还可作为人们休息玩耍的设施，一举两得。

6　纪念性雕塑基座一般较高，营造处令人敬仰的庄严肃穆氛围，此雕塑位于建筑拐角，利用基座巧妙地处理高差，独具匠心。

7　城市道路一旁的休闲广场上，塑一座青铜人物雕像，既与周围环境协调，又增加了广场的可视景观，避免单调。

8　红色的雕塑小品与周围环境形成鲜明对比，形状似门形成框景，将对面建筑美景框入其中，策马奔腾的骑士雕塑则似刚从城堡中擦门而出，形象生动。

9　雕塑小品高大肃穆，令人敬仰，形象刻画了一个阔步向前的士官形象，在空旷的广场别树一帜。

10　为抽象小品，与周围环境极为融合，营造了一种静谧祥和、朝气向上的氛围。

8　9

10

11 色彩艳丽，与地面铺装形成鲜明对比，小品造型简约大方，通过彩绘将小品形象延伸到地面，立体感较强。

12 纪念性的雕塑一般较为常见于大型的建筑或公园广场，塑造出一个主题明确的雕塑小品，体型一般较大，本处造型简单大方，将远处建筑框入其中，颇有意境。

13 颜色鲜艳，造型别致，为单调的城市景观中注入一丝新鲜的活力，是广场的视觉焦点。

14 独特的线球形式，贴近人们的生活，具有很强的艺术观赏性，大大小小分散在广场，疏密有致，感官上较为舒适。